ALBUM
DE LA
MAISON KELLNER

GRANDE FABRIQUE & EXPOSITION DE VOITURES

Paris, 109, Avenue Malakoff, Paris.

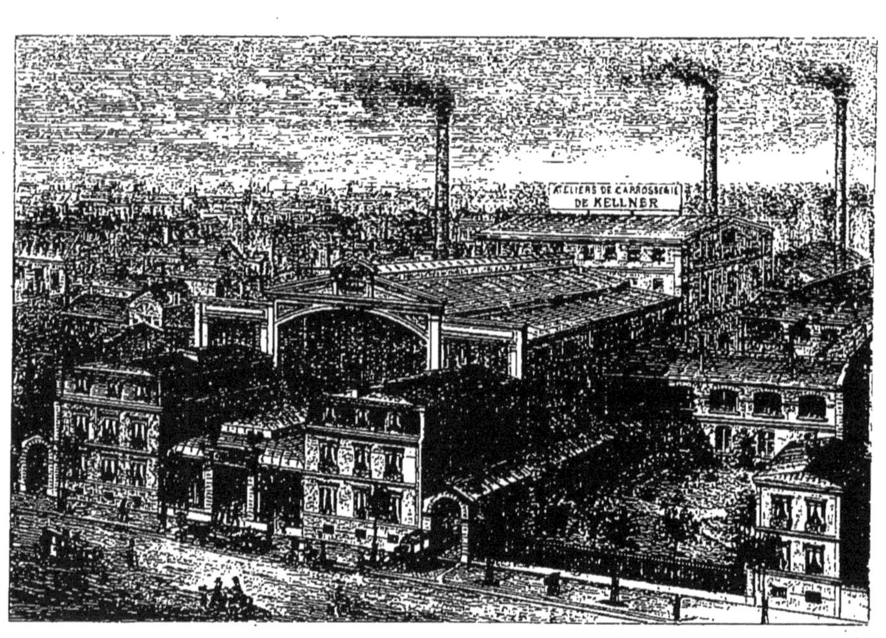
ATELIERS DE CARROSSERIE
DE KELLNER

Fournisseur Breveté

DE S. M. L'EMPEREUR D'AUTRICHE

DE LA COUR ROYALE DE SUÈDE & NORWÈGE

et de plusieurs autres

M

J'ai l'honneur de vous présenter, réunis en ce petit album, les croquis des principales voitures que je construis dans mes ateliers.

Je me permettrai de vous faire remarquer que toutes ces formes sont de la dernière mode et de signaler à votre attention principalement les suivantes:

Le Cab Kellner, dont je suis le créateur et qui joint à l'avantage d'avoir une traction beaucoup moindre que dans toute autre voiture à 4 roues celui de constituer, au moyen d'un vasistas qui se baisse sur le devant, une véritable voiture d'hiver et d'été. Ce Cab-Kellner tient donc lieu à lui seul de coupé et de victoria.

Le Petit Mail-Coach, à forme carrée, que j'ai également créé, beaucoup plus léger que les Mails ordinaires quoiqu'ayant les mêmes commodités et qui est bien plus pratique que ces derniers pour faire toutes sortes d'excursions, surtout dans les pays accidentés, ceux de mes clients qui s'en servent en ont été enchantés. D'autre part, par l'enlèvement des sièges du dessus, il constitue une sorte d'omnibus et, dans ce cas, il peut aisément n'être attelé que de 2 chevaux.

Le Landau à porte entière, système pour lequel j'ai été breveté et dont l'utilité a été assez reconnue par la grande consommation et les nombreuses imitations qui en ont été faites

Toutes les voitures sont construites dans mes ateliers, du commencement à la fin. Cela me permet de veiller constamment sur la fabrication des objets, sur leur solidité et leur parfait fini. Pour ce qui est de la solidité : les marchandises de premiers choix, les bois les plus secs (pour la plupart venant d'Amérique) et les meilleurs fers et aciers sont mis à contribution. Quant au fini et à l'élégance, je crois qu'il est impossible de faire mieux.

Enfin, la réputation dont jouit ma maison, la haute et nombreuse clientèle que j'ai l'honneur de fournir et les grandes récompenses que j'ai obtenues aux expositions universelles doivent vous être une sûre garantie de ma bonne fabrication.

J'ai l'honneur de vous annoncer aussi que j'ai toujours en magasin un grand assortiment de voitures, finies ou montées en blanc ; ces dernières, quelqu'en soit le genre, peuvent être terminées au goût de l'acheteur et livrées dans un très bref délai. J'ai également des voitures d'occasion que je prends en échange à mes clients et qui sont dans un excellent état.

Comme j'ai déjà fourni des voitures pour presque tous les pays du globe, je connais parfaitement les exigences des divers climats le genre qui leur convient et par suite je suis donc à même de faire n'importe quelle voiture qu'il vous plairait de me commander.

Dans l'espoir que vous vaudrez bien m'honorer de votre confiance, je vous prie, M________, d'agréer mes salutations les plus empressées.

Kellner

P.S. Pour être renseigné sur le prix d'une voiture il suffit d'envoyer le numéro de la gravure.

Dans le cas où l'on désirerait avoir des dessins plus grands, ou d'un autre modèle, je me ferais un plaisir de les envoyer.

Toutes mes voitures neuves sont garanties.

1.

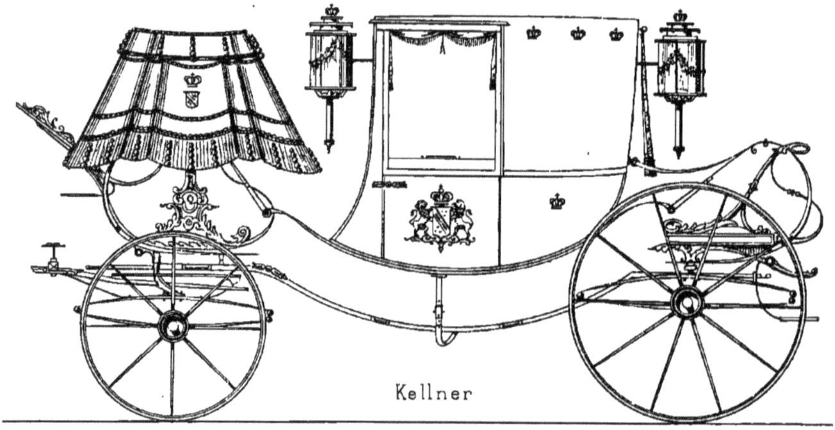

Kellner

Coupé de Ville.

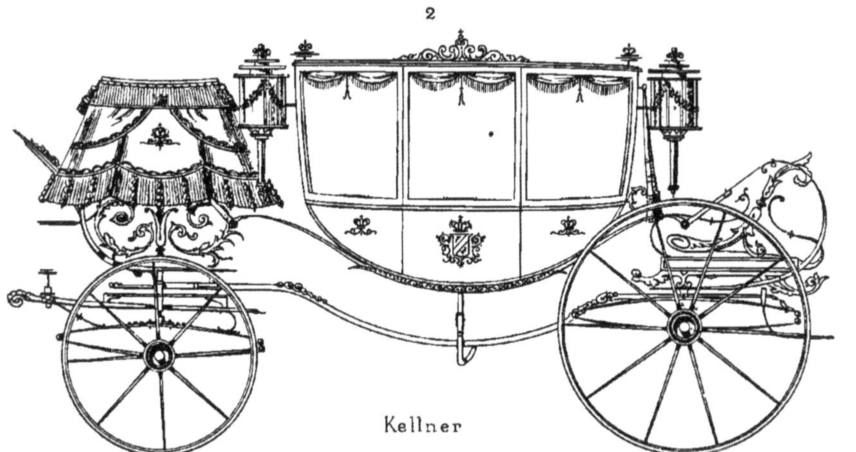

Berline de Gala.

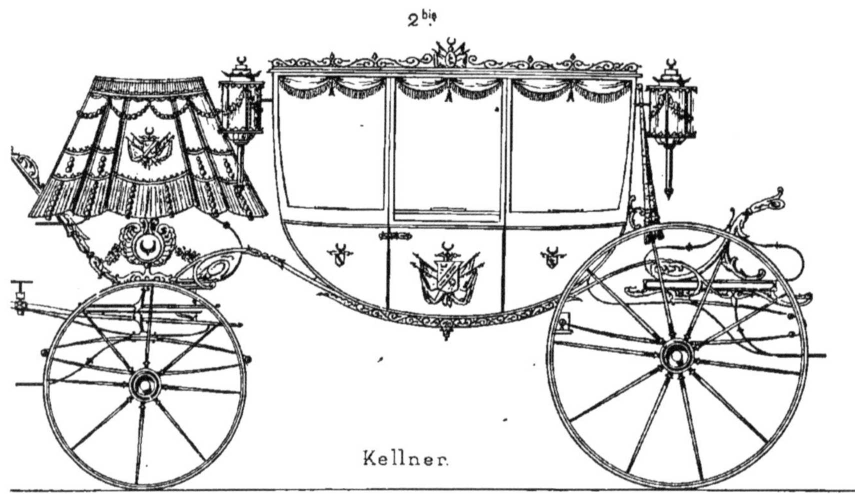

Berline de Gala.

3

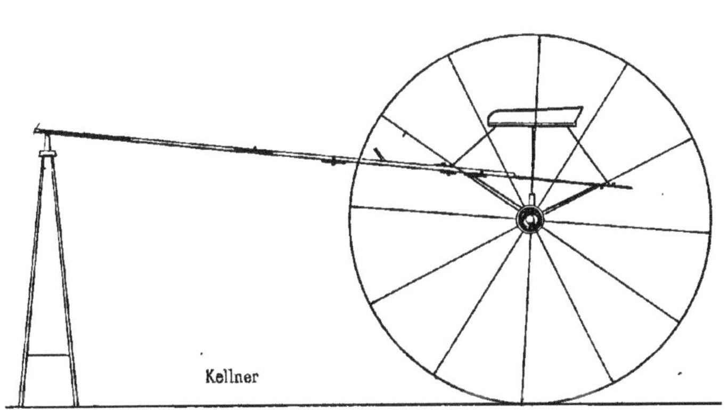

Sulky, poids 25 K.os

4.

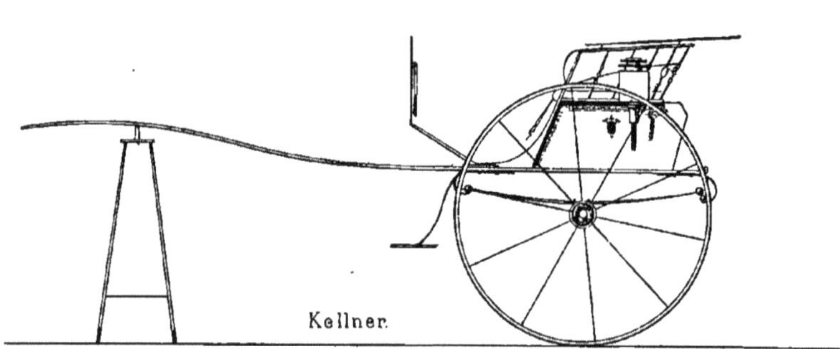

Tilbury.

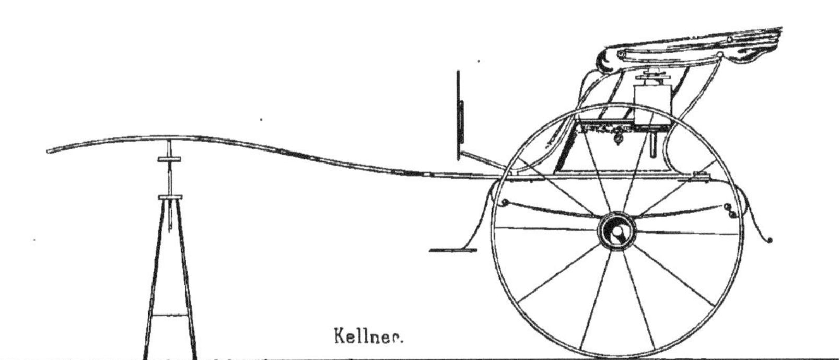

Tilbury.

8.

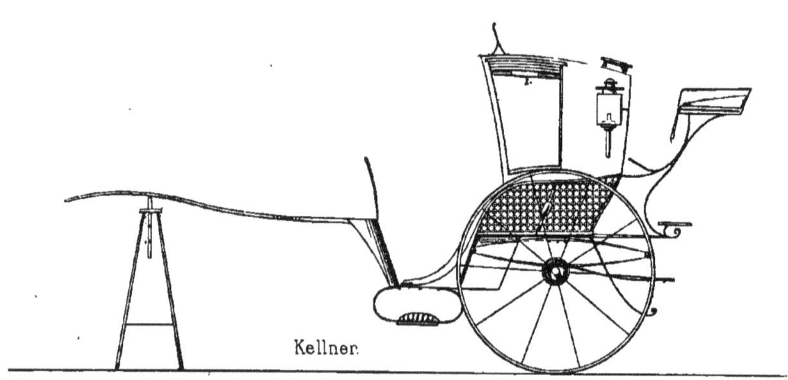

Cab á 2 roues.

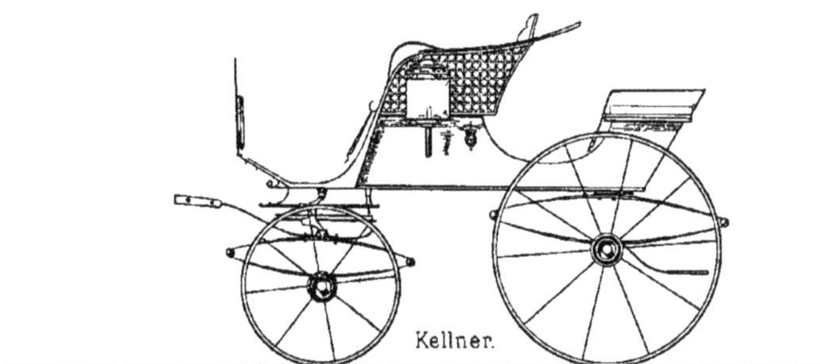

Petit-Phaëton.

10.

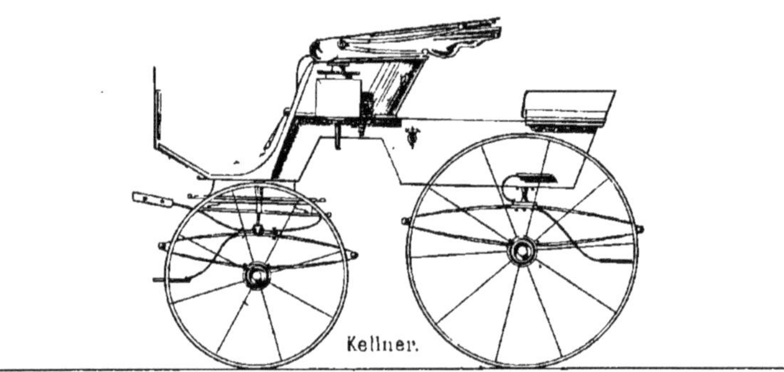

Phaëton à rotonde

11.

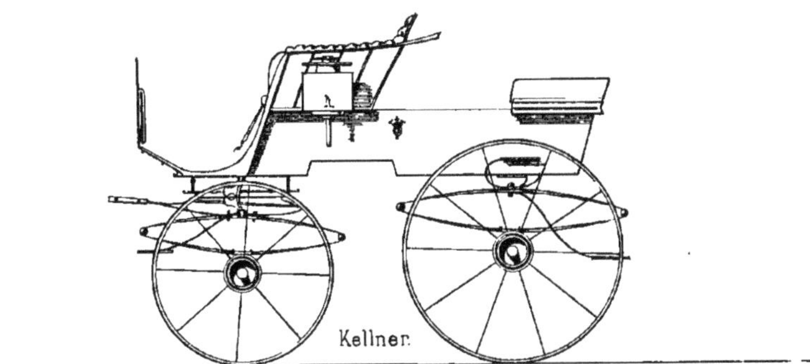

Phaëton carré.

12.

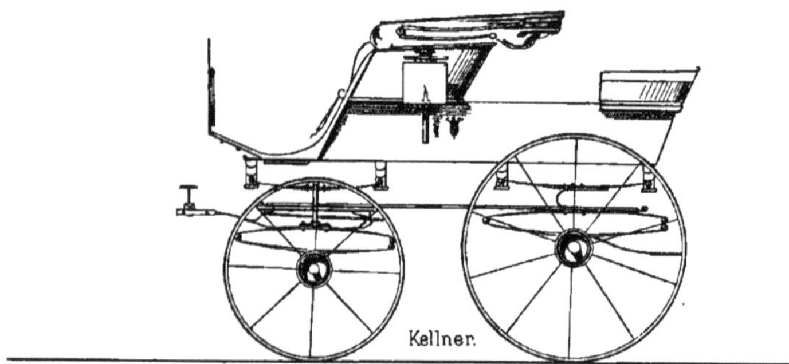

Phaëton à 16 ressorts

13.

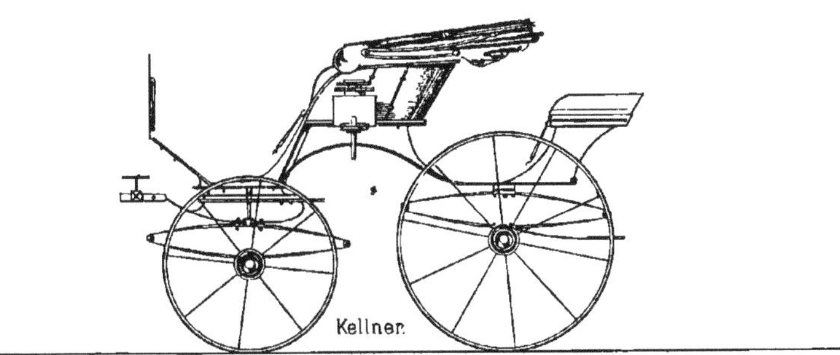

Spider.

14.

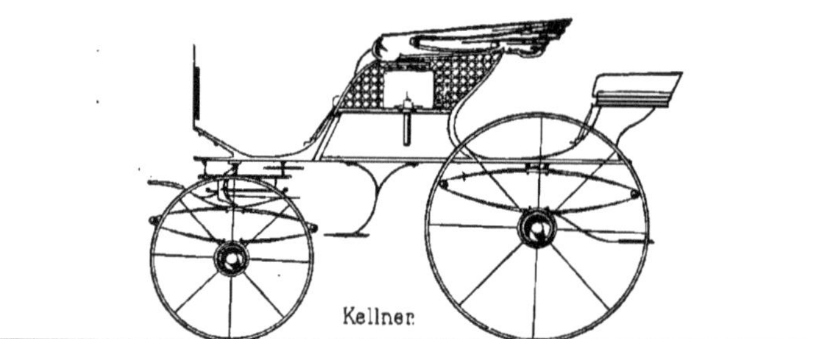

Phaëton-Duc.

15.

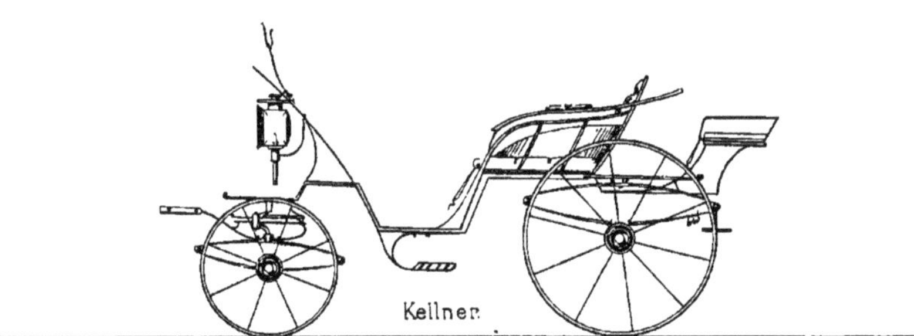

Duc-Poney.

16.

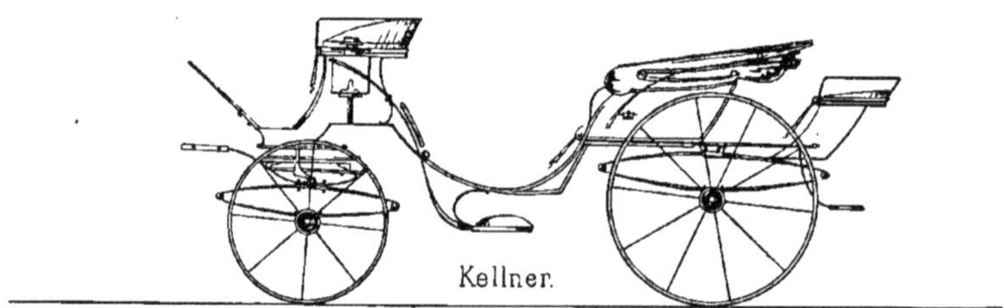

Petit-Duc Victoria.

17.

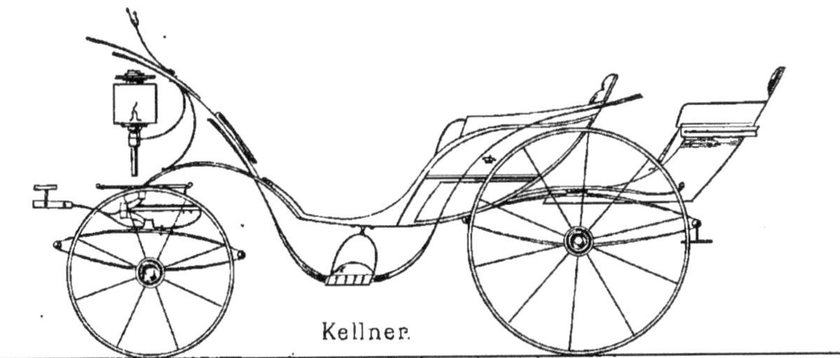

Grand-Duc.

18.

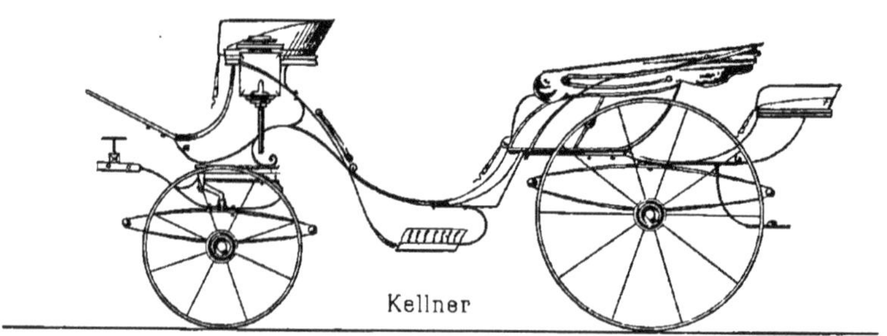

Victoria.

19.

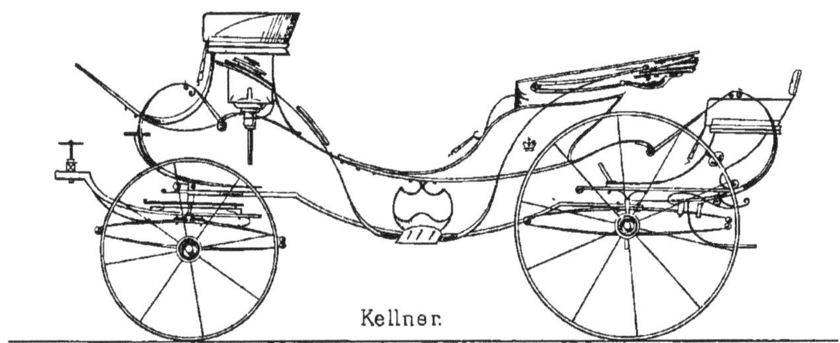

Victoria à 8 ressorts.

20.

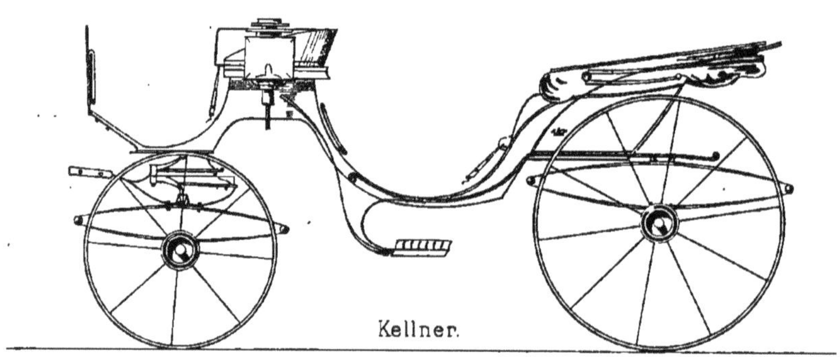

Mylord.

21.

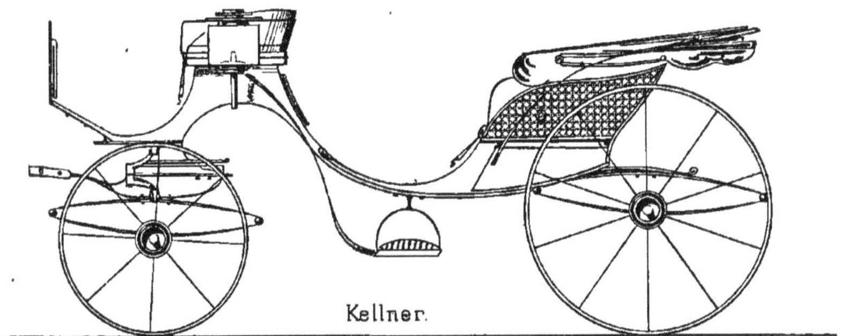

Mylord, Forme Carrick.

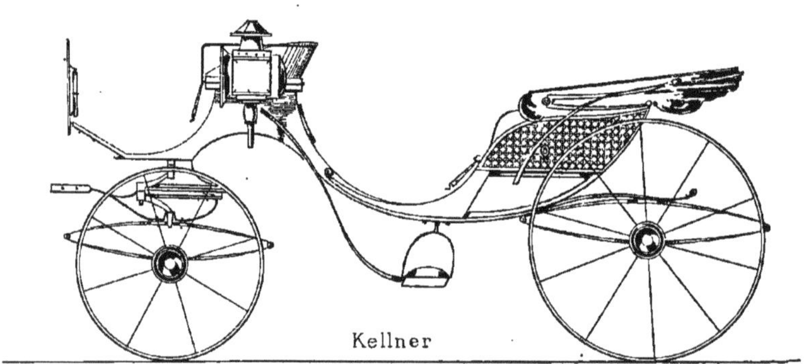

Mylord (forme bateau)

23

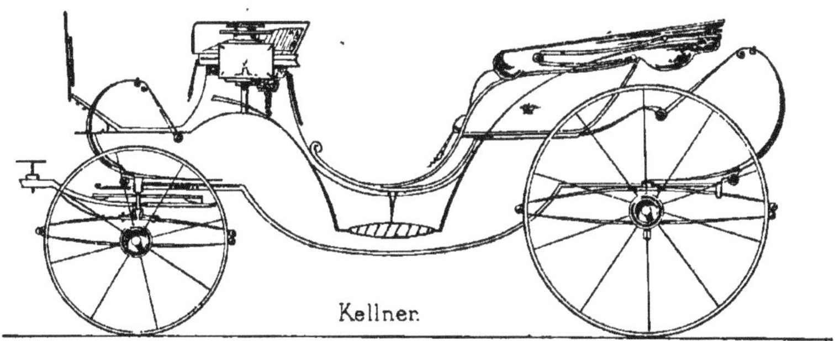

Mylord à 8 Ressorts

24

Kellner.

Vis-à-Vis à balustres (siége en fer.)

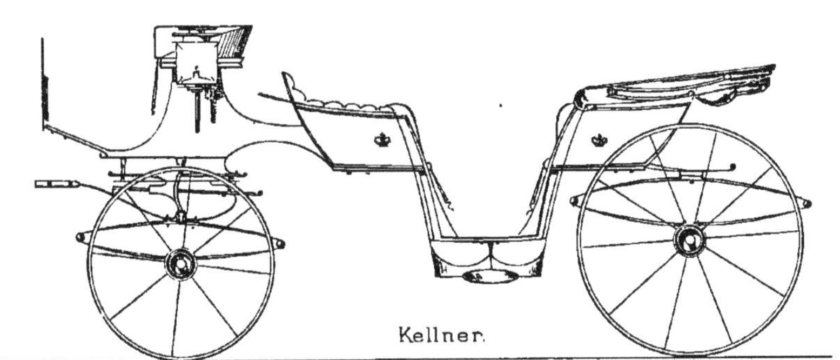

Vis-à-Vis à Capote.

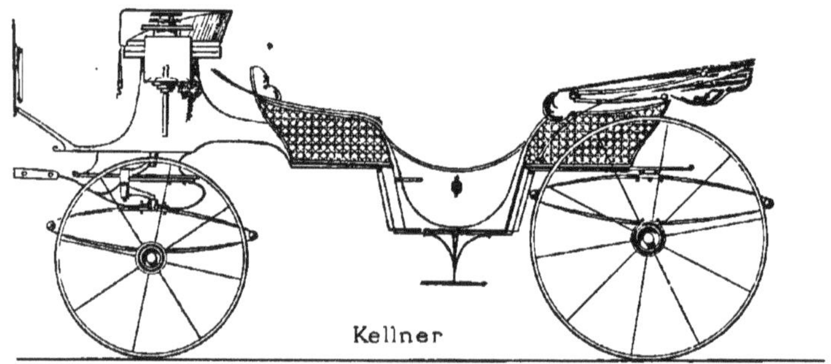

Vis-à-Vis à Portes

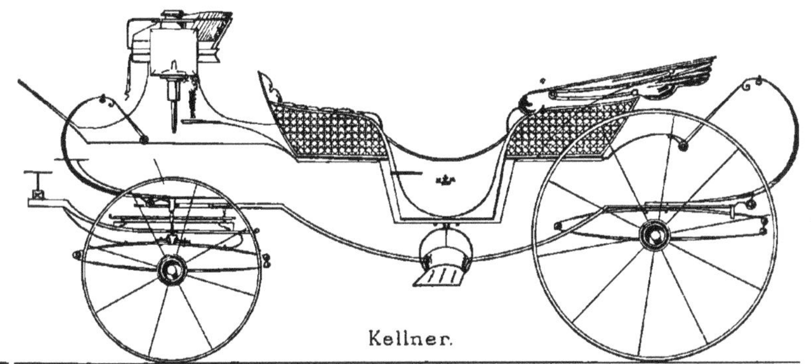

Vis-à-Vis à 8 Ressorts.

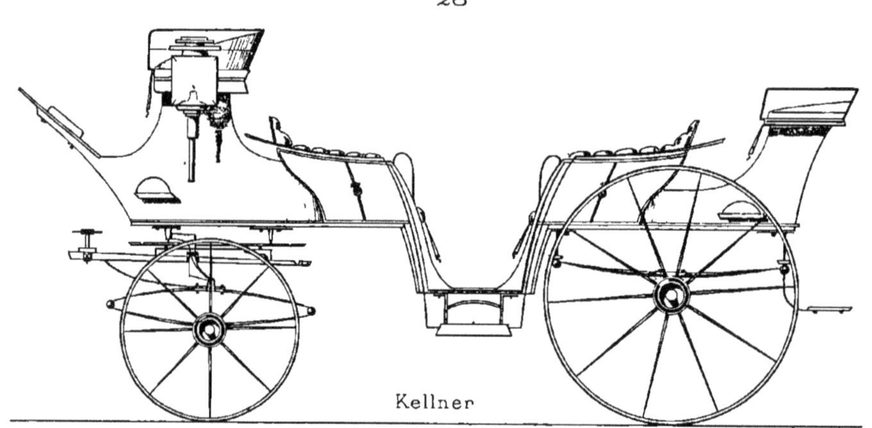

Grand Vis-à-Vis (genre Breack.)

29

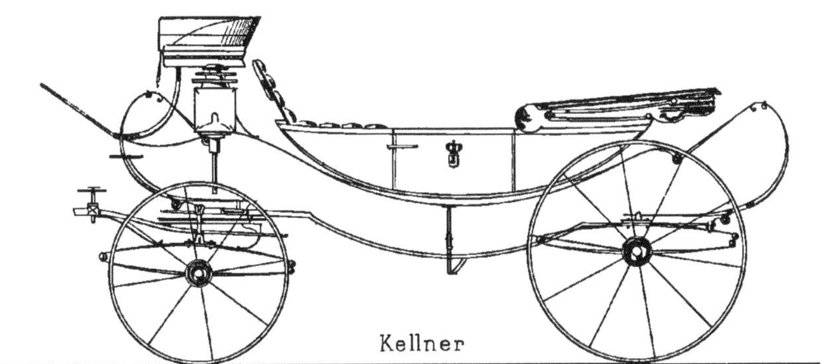

Calèche à 8 ressorts

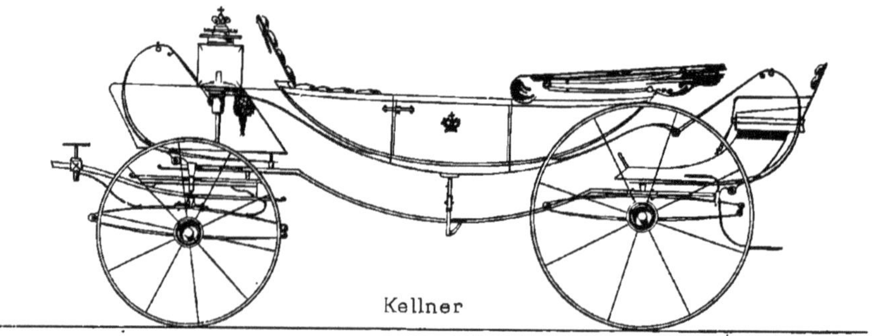

Calèche à 8 ressorts (Poste ou Daumont).

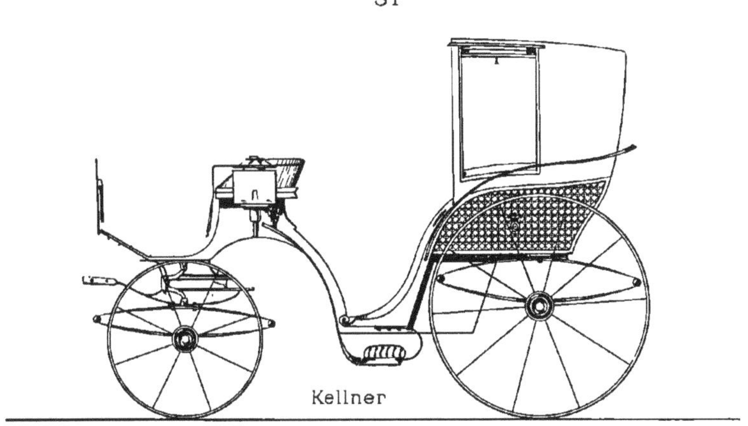

Cab Kellner (forme droite)

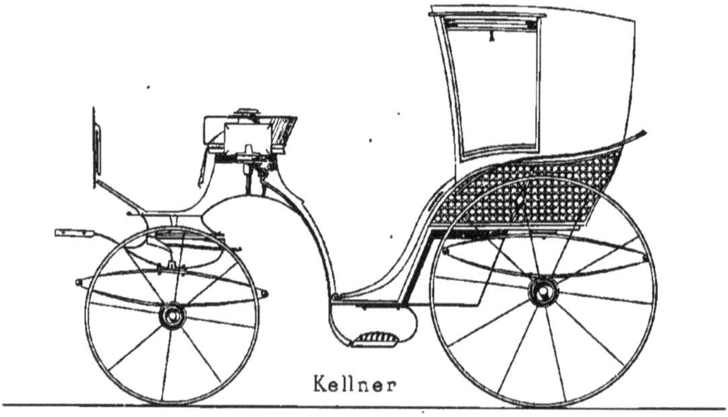

32

Kellner

Cab Kellner (forme oblique)

33

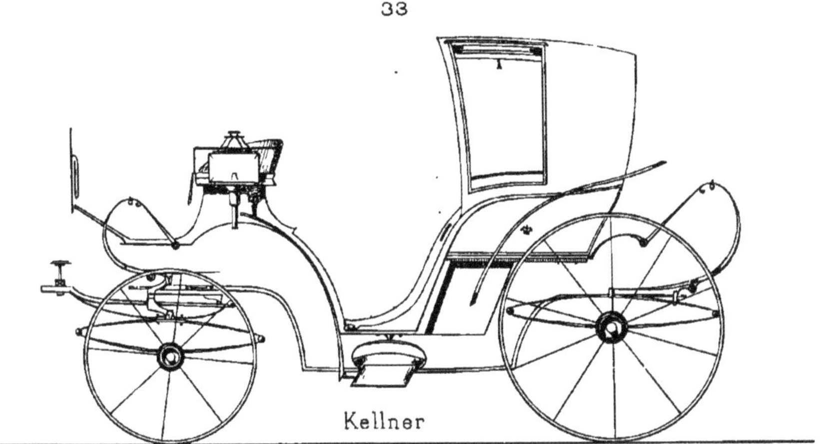

Cab Kellner (à 8 ressorts)

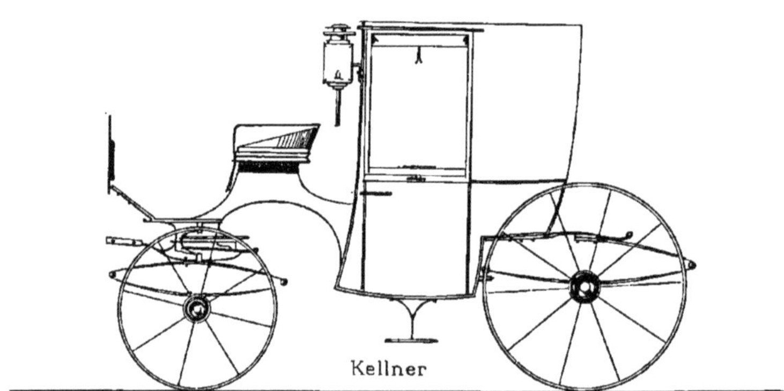

Petit Coupé.

35

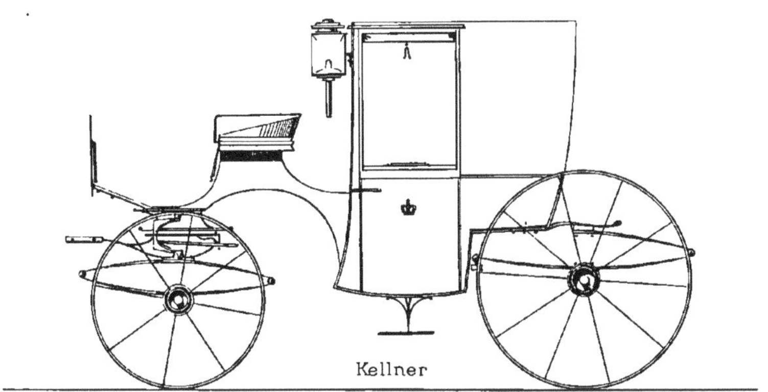

Coupé

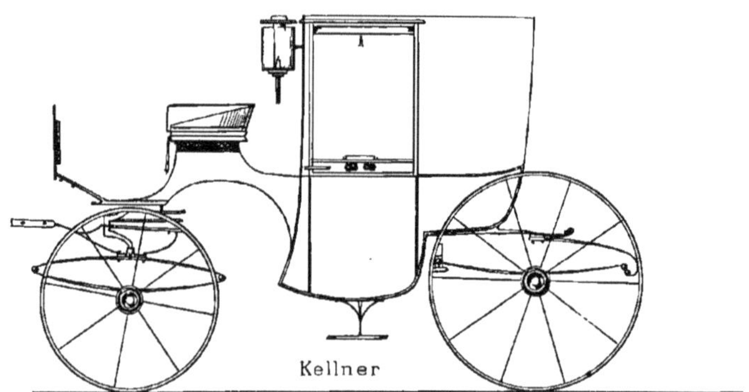

Coupé, forme ronde

37

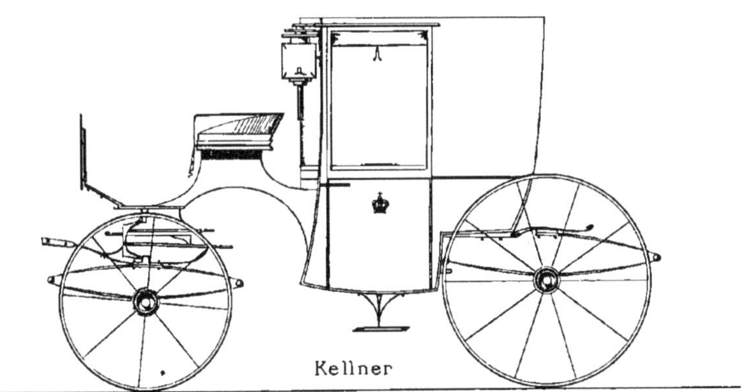

Coupé, avance circulaire

38

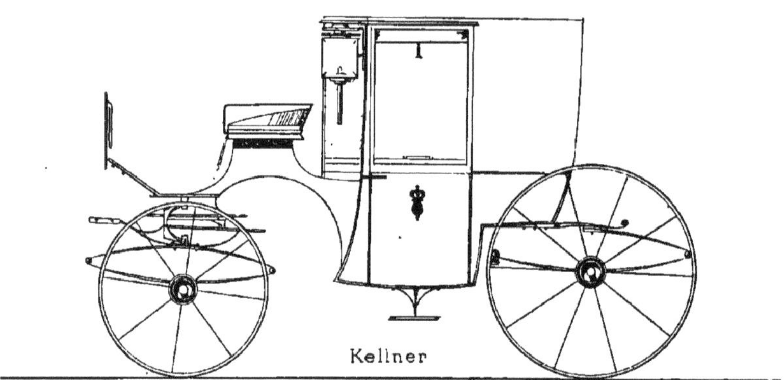

Coupé, avance carrée

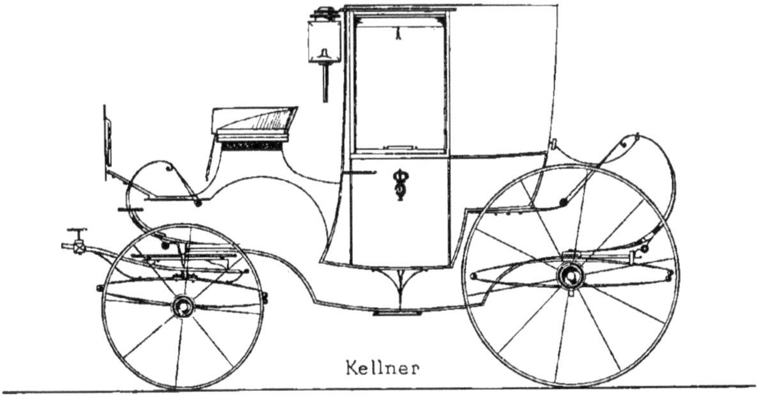

Kellner

Coupé à 8 ressorts

40

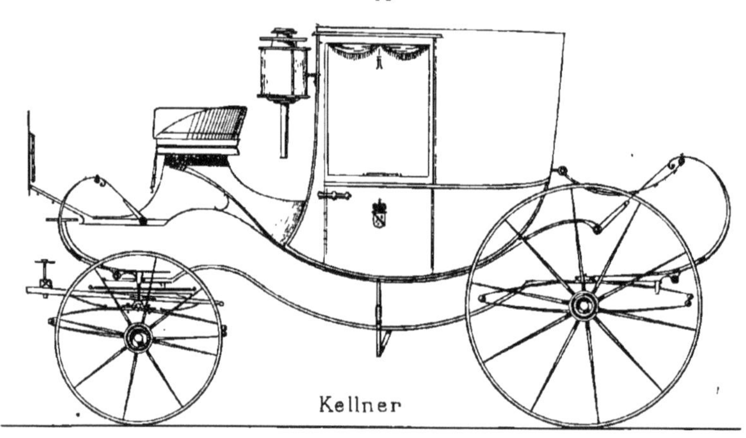

Dorsay

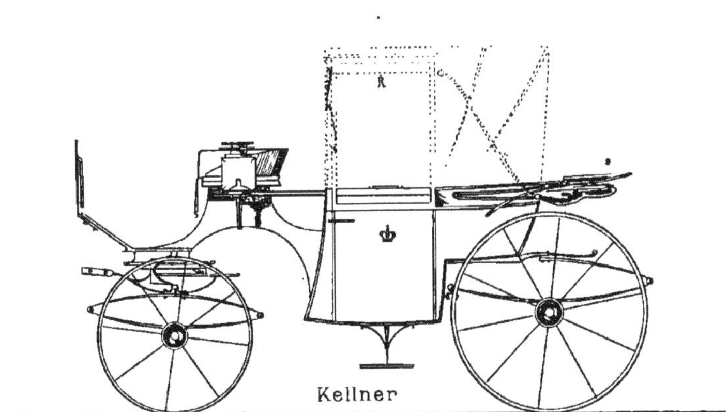

Landaulet

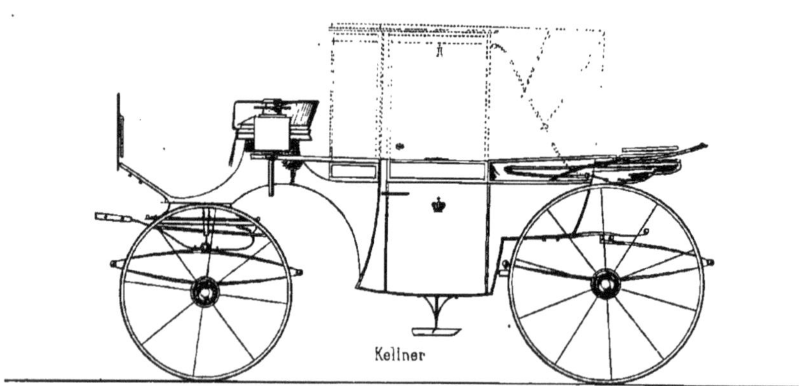

Landaulet 3/4.

43

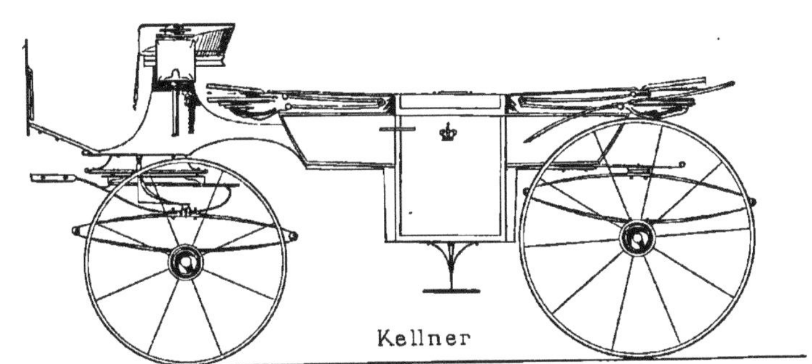

Petit Landau à 1 Cheval

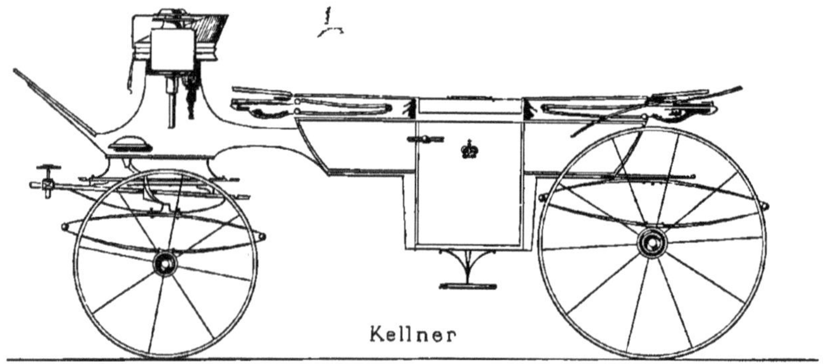

Landau à 2 Chevaux

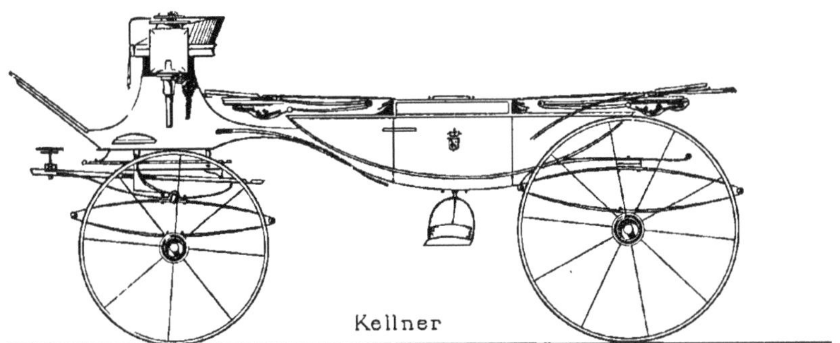

Landau, forme bateau

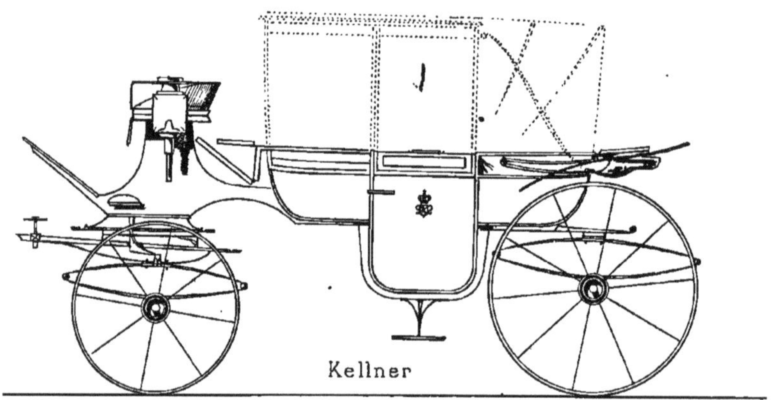

Landau à 5 Glaces

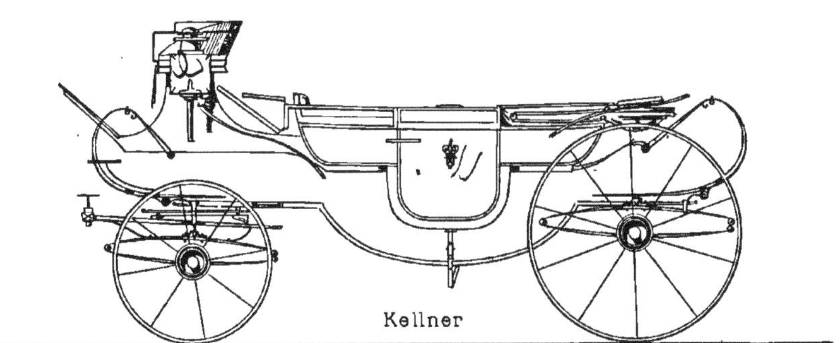

Landau à 8 ressorts

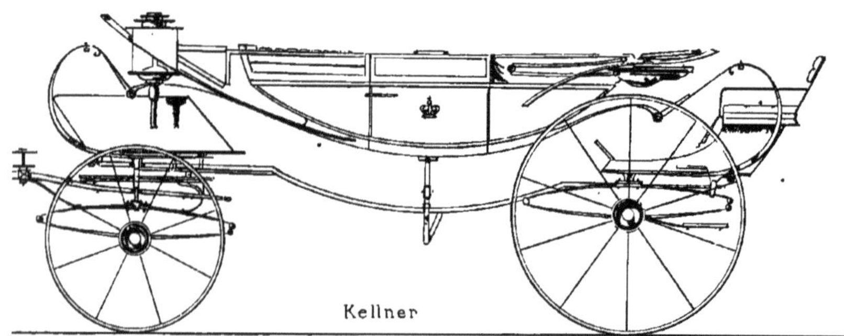

Landau à 8 ressorts (Poste ou Daumont)

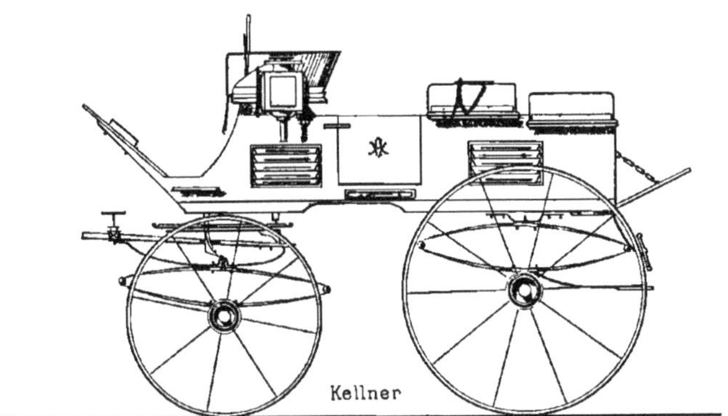

Breack de chasse

50

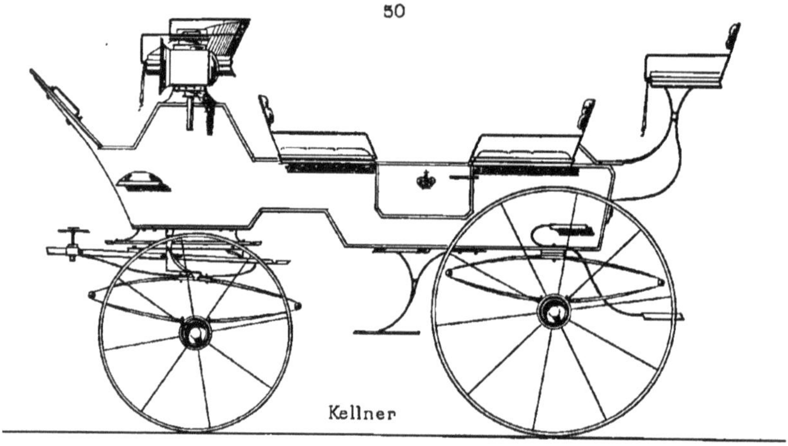

Kellner

Breack.

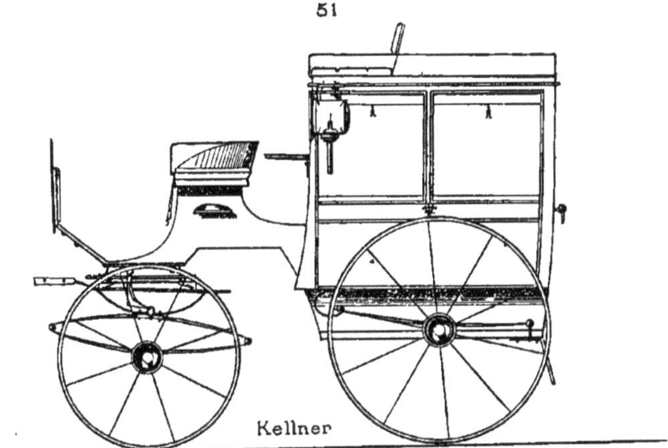

Petit Omnibus

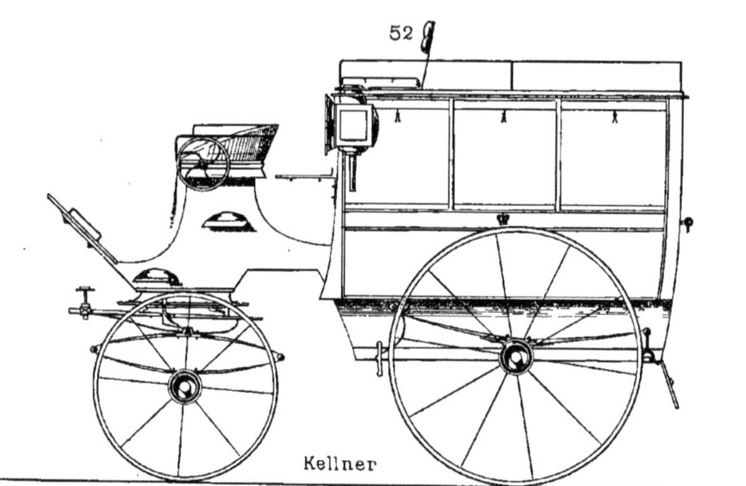

Grand Omnibus.

53

Kellner

Petit Mail-Coach.

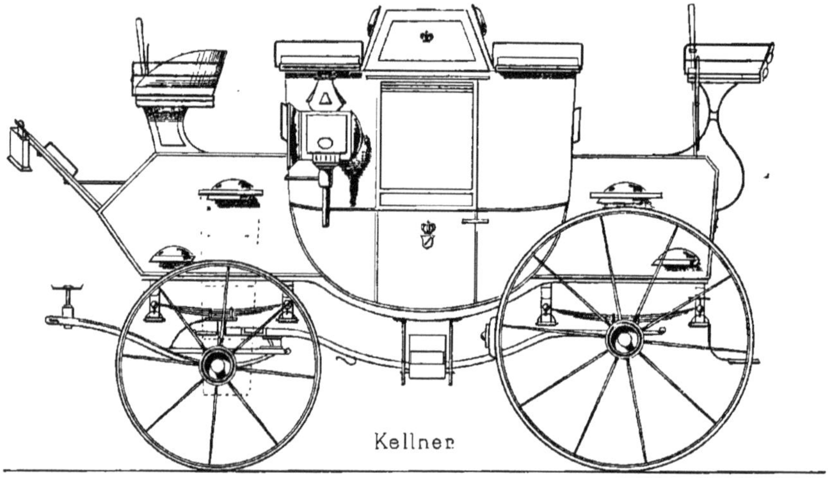

Kellner

Mail-Coach

TABLE

Lith. Thibault, Paris.

Extrait du « CONSTITUTIONNEL » du 26 Octobre 1878

Il vous est certes arrivé, en descendant l'Avenue du bois de Boulogne de vous demander quelle était cette usine que vous trouvez sur votre droite.

C'est la maison Kellner, fournisseur de S. M. l'Empereur d'Autriche et qui a reçu en France et à l'Etranger, un grand nombre de récompenses. Nous n'en voulons citer pour preuve que cet élégant Cab-Kellner, voiture se transformant suivant les exigences des saisons, qui est le nec plus ultra du genre et son magnifique Mail-Coach avec un ingénieux système d'échelle pour monter.

Extrait du « FIGARO » du 27 Octobre 1878

Classe LXII *Mr. Kellner a une médaille d'Or.*

Elégants types de voitures Victoria et Landau à 8 ressorts. Un Mail-Coach où les échelles sont remplacées par quatre marchepieds faciles qui, en avant et en arrière de chaque côté, sortent comme des tiroirs; l'intérieur s'ouvre au besoin et permet à toutes les personnes qui y sont assises de voir au dehors.

Mr. Kellner est l'inventeur du Cab à 4 roues qui est tout de suite devenu à la mode. Des femmes du grand monde en ont commandé plusieurs à l'Exposition. Il n'y a pas de véhicule plus commode; il sert l'hiver et l'été, on y trouve de l'air et un abri; c'est la voiture qui doit forcément remplacer le cabriolet de Marie Antoinette si aimé de nos pères.

D'après les écriteaux placés sur les voitures exposées dans la classe LXII la maison Kellner nous paraît être celle qui a fait le plus d'affaires à l'Exposition.

Extrait du „SPORT„ du 30 Octobre 1878

Nous sommes heureux d'apprendre à nos lecteurs que la Maison Kellner, 109, Avenue Malakoff vient d'obtenir à l'Exposition Universelle, une grande Médaille d'Or. Nous sommes d'autant plus satisfaits de la haute distinction que cette maison a obtenue, qu'on y fabrique réellement la voiture d'un bout à l'autre, ce qui est rare en carrosserie. Ce n'est pas la première fois d'ailleurs, que nous voyons le nom de Mr. Kellner figurer parmi les lauréats admis à de hautes récompenses.

C'est une satisfaction pour nous de voir encourager cet industriel d'un rare talent, qui a su créer de si beaux modèles.

En examinant les 5 voitures qui sont exposées: Mail Coach, Landau 8 ressorts, Victoria 8 ressorts, Coupé et Cab-Kellner on est séduit par l'élégance, la légèreté et le confortable qu'offrent ces voitures.

Le Mail-Coach a conservé son type primitif avec tous ses avantages en subissant toutefois une modification dans ses côtés incommodes; on a trouvé moyen de supprimer l'échelle, si dangereuse, en la remplaçant par 4 marchepieds qui tiennent à la voiture et qui deviennent invisibles une fois repliés. Les ouvertures de l'intérieur et du dessous sont justement appréciées par les amateurs.

Le Landau 8 ressorts avec son système breveté de portes entières, est la voiture classique de la grande maison.

La Victoria 8 ressorts, a un siège devant, ou à

daumont, est un véritable bijou qu'on ne se lasse pas d'admirer.

Un Coupé, nouvelle forme, est une vraie bonbonnière aussi commode qu'élégante et d'un fini parfait.

Enfin le fameux Cab-Kellner à 4 roues, créé par lui qui est devenu de suite à la mode est très apprécié par les grandes dames.

De nombreuses commandes en constatent l'utilité. Que peut-on chercher de plus, deux voitures dans une, le confort d'hiver et le confort d'été.

Nous remarquons à ces voitures un nouveau système d'essieux à manchon en caoutchouc qui les rendent beaucoup plus souples et évitent le bruit.

Nous constatons comme toujours, que le public est bon appréciateur; il le prouve par la grande quantité de voitures qui ont été vendues sur ces 5 modèles de nouveau genre exposés par la grande Maison que nous citons.

Dessiné par Ch. Gourdin, 21, Avenue de la Bourdonnais, Paris — Lith Thibault, 11, Pas[ge] Ste Croix-Bretonnerie

www.ingramcontent.com/pod-product-compliance
Ingram Content Group UK Ltd.
Pitfield, Milton Keynes, MK11 3LW, UK
UKHW020403180726
13839UKWH00003B/1253